假如动物会说话

蒙 哥/著
麦川文化/绘

谢谢，我的好伙伴！

辽宁科学技术出版社
·沈阳·

动物界的好搭档之
鲃鱼和河马

我们河马是群居动物，擅长游泳，怕冷，喜欢温暖的环境。我们是夜行动物，几乎整个白天都在河水中或是河流附近睡觉或休息，晚上才会出来觅食，有时为了找口吃的，甚至会顺水游出几十千米。

我们的主要食物是水草，每天可以吃掉100千克以上的水草。不过，偶尔也会吃陆地上的植物，以草为主，有时也会到田地去吃庄稼。食物短缺时，我们也吃肉！

白天，大家这样挤在一起洗澡，最舒服了！

河马

可不是嘛，天气太热了，晚上凉快点儿再出去吧！

大家都知道我们河马是一种十分凶猛的动物，脾气暴躁、伤人无数，连狮子和鳄鱼见了都要让我们几分。

但是，你们不知道吧，我们也有自己的好搭档——鲃鱼。

谢谢大家了！大家辛苦了！

鲃鱼

河马大哥来了！有好吃的喽！

搭档故事

在非洲肯尼亚山，经过一夜饱餐的河马会来到鲃鱼聚集的水域做个"水疗"，打发掉白天的时间。

一群群鲃鱼则会在这里准时等待它们的顾客——河马的来临！它们的工作主要是为河马清理掉身上的虱子、寄生虫和嘴巴里各种食物的残渣，顺便让自己饱餐一顿。

河马们找到舒服的地方后便一动不动，十分乐意让鲃鱼为自己服务，而绝不会去伤害它们。

河马大哥，我们来帮你清理清理吧！

3

动物界的好搭档 之
白蚁与披发虫

披发虫是我们的好朋友！

虽然我们白蚁家族成员很多，但我们会建很多个房间，所以大家住在一起也不会觉得拥挤哦！

白蚁

我们一大家子生活在一起，大家互相照顾。

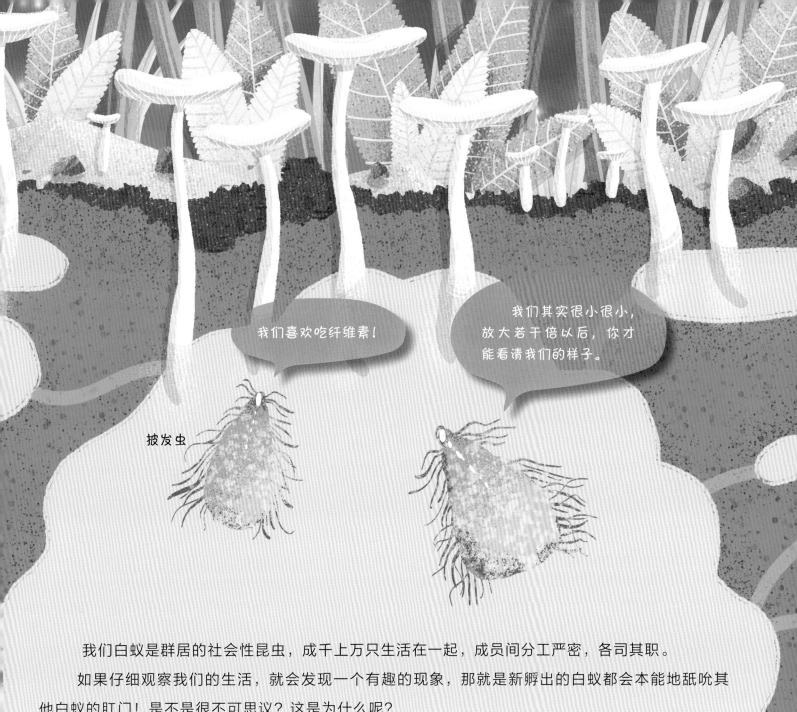

我们喜欢吃纤维素！

我们其实很小很小，放大若干倍以后，你才能看清我们的样子。

披发虫

我们白蚁是群居的社会性昆虫，成千上万只生活在一起，成员间分工严密，各司其职。

如果仔细观察我们的生活，就会发现一个有趣的现象，那就是新孵出的白蚁都会本能地舔吮其他白蚁的肛门！是不是很不可思议？这是为什么呢？

我们是以木材为食的，但却不能消化木材中的纤维，必须依靠寄生在我们肠内的披发虫微生物来帮助消化。原来，披发虫能分泌一种消化纤维素的酶。我们的肠道里如果没有这种鞭毛虫，即使吃了很多纤维素，由于不能消化，也会被活活饿死。

对披发虫来说，躲在我们的肠子里也非常安全，还能无限享用我们肠内丰富的纤维素，所以我们谁也离不开谁。

而新孵出的白蚁宝宝的肠内是没有披发虫的，只有通过舔吮其他白蚁的肛门才能吞食披发虫的囊孢从而获得身体中所需要的披发虫。所以，我们必须群体生活，否则新孵出的白蚁宝宝会因为得不到披发虫而死掉。

动物界的好搭档 之 貂熊与渡鸦

太好了，有好吃的了！

　　我们貂熊长着一身又长又厚的毛发，所以我们有足够的资本在寒冷的环境中生存下来。我们数量稀少，是国家一级保护动物。中国只有东北大兴安岭和新疆阿尔泰山区能看到我们的身影。

　　我们中最小的个体，体重不到 10 千克，却能杀死比自己大 10 倍以上的驯鹿和驼鹿，相当彪悍！

　　但是，由于栖息地身处寒带，我们在冰天雪地里觅食有时是相当困难的，这时候有一个好的搭档就显得很重要了，而渡鸦就是为我们貂熊独家打造的最佳搭档！

搭档故事

渡鸦是一种全身黑色的大型雀形目鸦属鸟类，俗称胖头鸟，被称为"最聪明的鸟类"之一。

渡鸦能在冰天雪地里发现冻死的猎物，然后会对着貂熊大叫，而貂熊也明白这意味着一顿大餐正在等着自己。聪明的渡鸦当然有自己的算盘，弱小的它们无法破开冻僵的动物尸体，而咬合力惊人的貂熊正是它们雇佣的天然破冰器。

等他们帮我们把冻肉敲开、暖化之后，我们就可以饱餐一顿了。

渡鸦

嘿，貂熊兄弟们，这里有一头冻死的驯鹿！快来呀！

谢谢了，渡鸦兄弟！

貂熊

每当我们饱餐一顿后，留下的食物残渣就足够让渡鸦好好地吃上一顿，久而久之我们两个种群就在冰天雪地里形成了这种默契的合作关系。

动物界的好搭档之
东美角鸮和得州细盲蛇

　　我们东美角鸮是一种小型猫头鹰，成年后的体长能长到25厘米左右，肚子上的羽毛是暗红色或暗灰色的。我们身材娇小，但是却很结实，尾巴短，翅展宽，头又大又圆，眼睛是黄色的，尾巴上的羽毛是淡黄色的。我们会在树上筑巢，只在夜间活动，白天的时候我们就待在巢里或者树干上休息。在城市中也能经常见到我们的身影。

　　在繁殖期，我们会抓些爬行类猎物回家喂小鸟，出于安全考虑，我们会先把猎物的头打破，把它们弄死再带回家，以免伤到幼鸟，但我们对得州细盲蛇却网开一面。

搭档故事

　　得州细盲蛇是蛇亚目细盲蛇科下的一种，分布在美国西南部及墨西哥北部。

　　它们的外表就像身体闪光的蚯蚓一般，体色偏向粉红色及棕色，嘴巴又细又小，一条成年的得州细盲蛇体长仅有约20厘米，对猫头鹰没有任何威胁。

　　这种蛇大部分时间都藏在松散的泥沙里，只有在觅食或是雨水渗透进它们的家时才会到地面上来。它们的主要食物是蚁类。

　　在春季，有时会被人们误认成蚯蚓。

我们是长得小了些，但也不至于把我们看成蚯蚓吧？

得州细盲蛇

得州细盲蛇是
不错的保洁员哦!

东美角鸮

得州细盲蛇被我们抓进巢里以后,不但不会伤害我们的孩子,还会吃掉我们家里的蚂蚁、苍蝇及其他昆虫及昆虫的幼虫或蛹,把家里打扫得干干净净。

在得州细盲蛇庇护下成长的孩子长得更快,存活率也更高。可见,一个好的家庭保洁员是多么重要啊!

当然了,我们也不会亏待这个出色的家庭"保洁员",它们再不用为觅食而发愁了。

这个家里的蚂蚁
和虫子还真不少呢!

动物界的好搭档 之
豆蟹和扇贝

我们豆蟹是世界上最小的螃蟹，身长只有几毫米，就算个头儿大的也只有1厘米左右。

我们一般生活在浅海，形状如大豆，颜色浅黄。因为体型太小，我们捕食和御敌的本领都很差，因此常常要寻找自己的"保护伞"，过着寄居的生活，而扇贝正好符合我们的要求。

我们和扇贝配合默契，相互利用，相处得很好。

扇贝的外形像一把打开的折扇，它的闭合肌晒干后是一种珍贵的海珍品——干贝。

每当扇贝张开贝壳时，我们就趁机寻找周围的微小生物和有机碎屑来充饥，扇贝闭合时，我们只好以扇贝的便便为食。

开门了，开门了，快去找吃的呀！

豆蟹

扇贝

红螺

搭档故事

不好了，红螺来了，快点儿发出信号啊！不能让它欺负我们的好朋友！

当强敌袭击扇贝时，机警的豆蟹立即搅动扇贝的软体，扇贝就会马上闭合贝壳，转危为安。

扇贝的天敌是红螺，红螺能分泌一种毒液，麻痹扇贝的闭合肌，使它们的壳久久不能合拢，继而慢慢地吃掉扇贝。

每逢这个生死存亡的时刻，豆蟹便冲上去与红螺搏斗，好让扇贝有时间从麻痹中恢复。

两种小动物就这样充当彼此的卫士，相互依靠着在海洋中生存。

动物界的好搭档之 鼓虾和虾虎鱼

虾虎鱼

鼓虾

哥们儿，来了个大家伙！先别出门了！

我们之所以叫鼓虾，是因为我们可以通过猛烈地闭合虾钳时喷射出的高压水流来驱赶捕猎的鱼或震晕猎物，这个时候发出的响声像敲打小鼓一样。但即使拥有这样的武器，在洞穴外的大海里，还是有饥饿的狩猎者可能随时向我们发起袭击。更糟糕的是，我们的视力还不太好。

但是，大自然就是这么神奇，大自然送给我们一个好搭档——虾虎鱼，它们的视力非常好！

这两个家伙总是待在一起，还没靠近就被发现了！又失败了。

搭档故事

虾虎鱼的视力很好，它可以充当鼓虾的眼睛。

就像导盲犬引导着人类一样，在它们的日常活动中，虾虎鱼的尾鳍和鼓虾的触角总是连在一起。一旦发现狩猎者，虾虎鱼的尾巴就会向鼓虾发出撤退的信号。即使当危险迫在眉睫时，虾虎鱼也不会丢下鼓虾。在晚上，虾虎鱼和鼓虾一起栖息在鼓虾挖的"隧道"里，享受这一免费庇护所。

没有虾虎鱼的陪伴鼓虾是不会出门的， 虾虎鱼基本可以说是鼓虾的"导盲犬"。

而鼓虾则会不停地挖掘泥沙来保持洞穴畅通，以作为回报。它们可真是一对不错的搭档！

动物界的好搭档 之
海葵和小丑鱼

我们虽然叫小丑鱼，但其实还是挺可爱的，对吧？

海葵

　　我们海葵是一种生活在水中的食肉动物，属于刺胞动物，身体构造非常简单。我们虽然外表很像植物，但其实是捕食性动物，几十条触手上布满了一种特殊的刺细胞，能释放毒素。

　　虽然我们那美丽而饱含杀机的触手很厉害，但却以少有的宽容大度允许一种 6～10 厘米长的小鱼自由出入并栖身于此，这种鱼就叫双锯鱼，也就是大家熟知的小丑鱼。

小丑鱼

海葵的触手

搭档故事

其实，小丑鱼并不丑，橙黄色的身体上有两道宽宽的白色条纹，娇弱、美丽而温驯，却缺少有力的御敌本领。它们有的独栖于一只海葵中，有的是一个家族共栖其中，以海葵为基地，在周围觅食，一遇险情就立即躲进海葵的触手间寻求保护。

这种搭档关系既保护了小丑鱼，也能为海葵引来食物，互惠互利，各得其所。

除小丑鱼外，我们海葵的搭档还有十几种鱼、小虾、寄居蟹等。如果把这些动物全部赶走，我们的活动能力会大大降低，甚至索性停止活动。

不久，我们的天敌蝴蝶鱼就会纷纷游来用尖细的长嘴把我们吃掉。所以，有个好搭档对我们真的太重要了！

动物界的好搭档 之 海蛞蝓和帝王虾

海蛞蝓

帝王虾

我们海蛞蝓有个好听的俗称——海兔，是科学家发现的第一种可生成植物色素（叶绿素）的动物。我们背上的壳已经退化了，只有薄且透明的壳皮，壳皮呈珍珠光泽的白色。我们生活在海底，被誉为最美丽的海洋动物之一。

我们的身体会根据吃到的海藻颜色来变化，吃到墨角藻时就变成墨绿色，吃到红藻就会变成红色，简直是"海底变色龙"！

另外，我们的身体会随海水摇摆，十分像西班牙跳弗朗明哥舞的优雅舞娘，所以也被称为海洋中的"西班牙舞娘"。

搭档故事

在海蛞蝓身上通常还能看到另一种生物，它们就是帝王虾。这是一种体型较小的虾，最长只有 2 厘米。

帝王虾通常会把海蛞蝓当作"免费司机"和"房东"，让它们带自己去食物丰富的地方觅食。

而帝王虾则充当专属的"免费按摩师"，在海蛞蝓的背上为它按摩并清理杂物和寄生虫。

所以，人们在海蛞蝓的身上经常可以发现它的搭档帝王虾。

我是免费按摩师。今天，我来帮你清理一下杂物和寄生虫，保证让你变得干干净净！

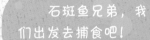

石斑鱼兄弟，我们出发去捕食吧!

动物界的好搭档之
海鳗和石斑鱼

我们海鳗长着锋利的牙齿，身体柔软，游动灵活，喜欢吃海洋里的小型鱼。可是这些小鱼大多喜欢生活在珊瑚的缝隙里，密密麻麻的珊瑚丛保护了小鱼，常常让我们无从下手。

珊瑚丛里有很多四通八达的孔，如果我们从这边来，小鱼就从那边溜走了。所以，在珊瑚丛捕食时，我们往往会叫上自己的好搭档石斑鱼。

好嘞，出发!

石斑鱼

快出来吧，小家伙们，你们已经被包围了！

海鳗

搭档故事

要捕食的时候，海鳗来到石斑鱼生活的地方，摇摇头摆摆尾，石斑鱼就心领神会了。

它们一起来到珊瑚丛旁边，石斑鱼负责围着珊瑚丛转圈，让里面的小鱼不敢出来。海鳗则凭借柔软的身体在珊瑚丛缝隙里捉鱼，一捉一个准儿！

受到惊吓慌忙从珊瑚丛里逃出的小鱼就会被外面的石斑鱼解决。

我们和石斑鱼的合作能将捕食效率提高4倍！这样的合作是海洋里长久以来形成的跨物种合作典范。

动物界的好搭档 之 海鳝和隆头鱼

　　我们海鳝生活在热带和亚热带海洋的浅水地带，栖身于岩礁间，隐藏在缝穴内。人们说我们是海里的"杀手"，足以说明我们的凶猛。我们的身体长得像蛇，脑袋很小，嘴巴前凸，嘴里长满尖利的牙齿，牙齿很大，大到嘴巴都合不上。

　　在海底，我们是绝对不容任何其他生物侵犯的，哪怕是同类，只要影响到了我们，都会被毫不客气地消灭掉！也正因如此，海里的许多种鱼看到我们都绕道而行！

搭档故事

　　但是，有一种鱼却能和海鳝做朋友，它就是鱼类中的清道夫——隆头鱼。

　　隆头鱼属于隆头鱼科，广布于全世界热带和温带海域的珊瑚礁中。隆头鱼具有共生性，会为大型鱼类提供优质服务。

　　它们会在海洋中建造"清洁站"，通过捡食其他鱼身上的寄生虫和老化的组织来获取养分。

　　隆头鱼可以肆无忌惮地在海鳝面前乱窜，和海鳝如兄弟般并肩嬉戏，海鳝却从不攻击隆头鱼。

　　因为隆头鱼可以进入海鳝的口中，帮它剔除牙垢，清洁口腔。此外，它们还以海鳝的体外寄生物为食。

　　所以，就算大海鳝再怎么凶猛，也从不会对它的"医生"隆头鱼下手。

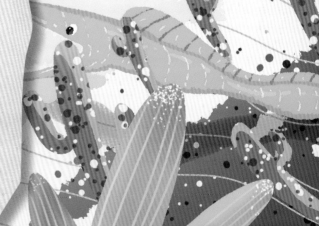

动物界的好搭档之
蚂蚁和蚜虫

　　我们蚂蚁喜欢在刚破土不久的棉花苗上爬来爬去，如果你仔细看看，一定会发现棉花苗上还有不少蚜虫。如果再观察一下其他农作物和果树，也会发现类似的现象：蚜虫多的地方一定有很多蚂蚁。

　　蚜虫是靠植物的汁液生活的。它们的粪便是亮晶晶的，含有丰富的糖，这是"蜜露"。我们非常爱吃蜜露，常用触角拍打蚜虫的背部，促使蚜虫分泌更多的蜜露。你们人类把这一动作形容为"挤奶"，而把蚜虫比喻为蚂蚁的"奶牛"。别说，还挺生动。但你知道吗？我们不仅会"挤奶"，尽情享用这一美味，还会饲养和放牧蚜虫。我们是昆虫王国的"放牧者"！

蚜虫

大家排好队，别掉队！

秋天到了，我们会把蚜虫，搬到蚁巢的"专门的房间"里。

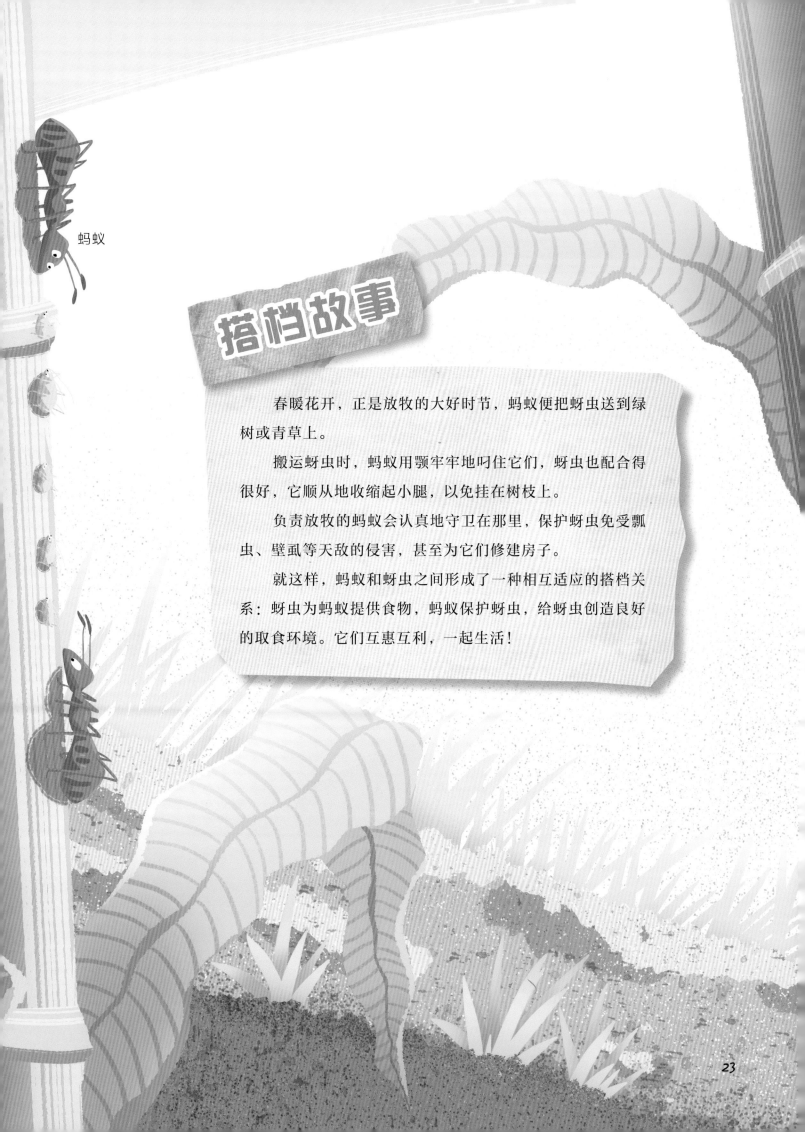

蚂蚁

搭档故事

　　春暖花开，正是放牧的大好时节，蚂蚁便把蚜虫送到绿树或青草上。

　　搬运蚜虫时，蚂蚁用颚牢牢地叼住它们，蚜虫也配合得很好，它顺从地收缩起小腿，以免挂在树枝上。

　　负责放牧的蚂蚁会认真地守卫在那里，保护蚜虫免受瓢虫、壁虱等天敌的侵害，甚至为它们修建房子。

　　就这样，蚂蚁和蚜虫之间形成了一种相互适应的搭档关系：蚜虫为蚂蚁提供食物，蚂蚁保护蚜虫，给蚜虫创造良好的取食环境。它们互惠互利，一起生活！

动物界的好搭档之
蜜獾和黑喉响蜜䴕

这两个家伙
又来搞破坏了!

非洲蜜蜂

　　我们蜜獾是世界上最无所畏惧的动物,经常敢于和体型大自己很多的动物打架。脾气相当火暴!人们给我们取了个有趣的外号——"平头哥"。

　　我们特别喜欢吃蜂蜜,经常冒着被非洲蜜蜂蜇死的危险去破坏蜂巢偷吃蜂蜜。为了蜂蜜可以豁出性命,也是吃货中的极品了。

　　但是,我们自己并不能有效地找出蜂巢的位置,这就需要好搭档——黑喉响蜜䴕与我们合作。

搭档故事

　　黑喉响蜜䴕能找到蜂巢,并且会发出鸣叫以吸引蜜獾的注意,蜜獾循着黑喉响蜜䴕的叫声跟着它走,同时也发出一系列的回应声。等蜜獾把蜂巢破坏并吃饱后,黑喉响蜜䴕再吃它们剩下来的蜂蜜和蜂蜡。

　　黑喉响蜜䴕自身是没有能力去破坏蜂巢吃到蜂蜜的,蜜獾对蜂蜜的痴迷程度和不要命的性格,才使它们成了好搭档。研究表明,这种鸟知道250平方千米内每一个蜂巢的位置。采蜜人也依靠它维持生活,每次总是留下一些蜂蜜作为回报。

　　对于蜜獾来说,它的祖先也许早在人类出现之前就已经和这种鸟建立起了这种关系。

牛背鹭

哎呀，你这后背上有好多寄生虫啊，我来帮你清理掉吧！

水牛

我的后背有点儿痒痒啊，你帮我看看呗？

我们牛背鹭是唯一不吃鱼而吃昆虫的鹭类，主要居住在全世界的温带地区，中国长江以南各省比较常见。我们还是博茨瓦纳的国鸟呢。

在春耕时，我们最喜欢跟在农夫身边，捕食被耕耘机赶出的昆虫和蛙类。

我们常成对或 3~5 只成群活动，有时也单独或集成数十只的大群。

休息时，我们喜欢站在树梢上，脖子缩成 S 形。听我们的名字就能知道我们的搭档肯定跟牛有关。我们喜欢站在牛背上或跟随在耕田的牛后面啄食翻耕出来的昆虫，牛背上的寄生虫对我们来说也是美食。我们活跃而温驯，不怕人。

动物界的好搭档之
牛背鹭和水牛

搭档故事

通常，一头水牛背上停留一只牛背鹭，最多是两只，一只在左，一只在右，若是有第三只牛背鹭想来凑一脚时，前两只会联手将它赶走。

牛背鹭和水牛之间搭档的情况非常有趣。

牛背鹭栖息在水牛背上，可以捕食牛背上的寄生虫和因水牛走动而被惊扰飞出来的小昆虫；而水牛一方面靠牛背鹭赶走身上的蝇虫，另一方面让牛背鹭担任警卫。

动物界的好搭档 之
向导鱼和鲨鱼

向导鱼

鲨鱼

我们是和鲨鱼形影不离的小搭档向导鱼，只有 30 厘米左右长，青背白肚，身体的两侧有黑色的竖条纹，主要生活在美丽的地中海。

我们喜欢在鲨鱼的周围游来游去，动作十分敏捷，吃鲨鱼吃剩的食物和鲨鱼口中的寄生虫，遇到危险的时候会迅速躲进鲨鱼的嘴里。

搭档故事

有些人认为，向导鱼能帮助鲨鱼寻找猎物，因为鲨鱼视力很差。

向导鱼可以引导鲨鱼游向鱼群集结的海面，让鲨鱼能捕猎那些鱼，而鲨鱼吃剩的残渣又成了向导鱼的美食。

甚至有的向导鱼还钻进鲨鱼的嘴里，吃它们牙缝里的碎屑，这让鲨鱼感到很舒服，乐意让它们在嘴里进进出出。

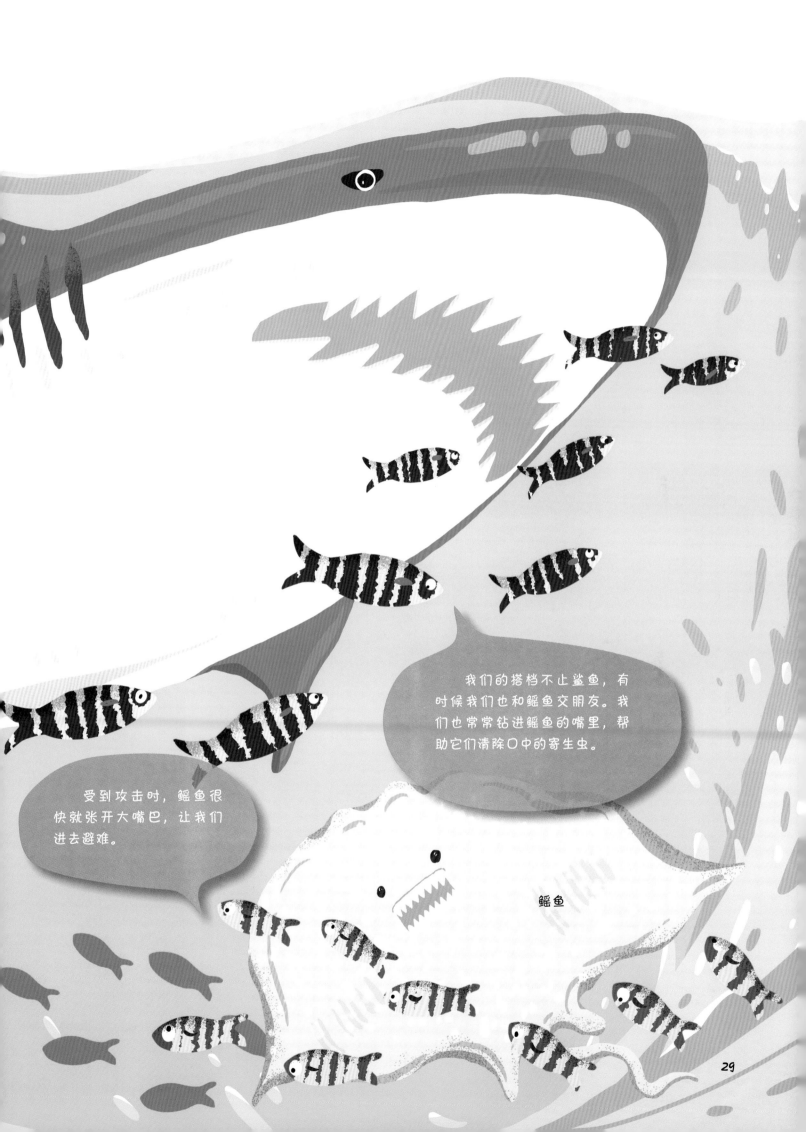

我们的搭档不止鲨鱼，有时候我们也和鳐鱼交朋友。我们也常常钻进鳐鱼的嘴里，帮助它们清除口中的寄生虫。

受到攻击时，鳐鱼很快就张开大嘴巴，让我们进去避难。

鳐鱼

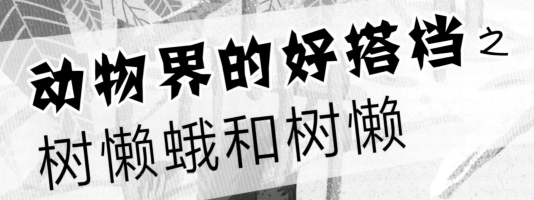

动物界的好搭档之
树懒蛾和树懒

我们树懒蛾栖息在树懒的身上，靠它们的皮肤分泌物和藻类度日。因为长期盘踞在树懒身上，我们的翅膀已经退化到不太适合任意飞行了。树懒的身体，基本就是我们所认知的"唯一世界"了。就连繁衍后代时，我们都离不开树懒。它们到地面排便时，我们会伺机在粪便中产卵。

卵孵化后，我们的幼虫主要以树懒的粪便为食。等到树懒再次下树方便时，长大成蛾的幼虫会再次爬回到树懒的身上。这样，一家人就能在树懒的身上团聚了。

搭档故事

研究结果发现，树懒身上树懒蛾的数量与每只树懒身上氮、磷和藻类的数量有关。树懒蛾的密度越大，这只树懒皮毛中的无机氮浓度和绿藻密度就越大。

树懒的身上就是一个微型的生态系统，养活了一身的植物和微生物，而树懒蛾死后的尸体正是最优质的"肥料"之一。经分解后，这些养料能促进树懒身上绿藻的生长，对比又干又没有营养的树叶来说，绿藻不但易于消化，还富含脂类。

一只树懒身上，可以住下多达120只树懒蛾！

树懒蛾

树懒

肚子饿的时候，我直接撸一把身上的绿藻就能填饱肚子了。没有什么生存策略比我直接在身上利用树懒蛾"种菜"更厉害了。

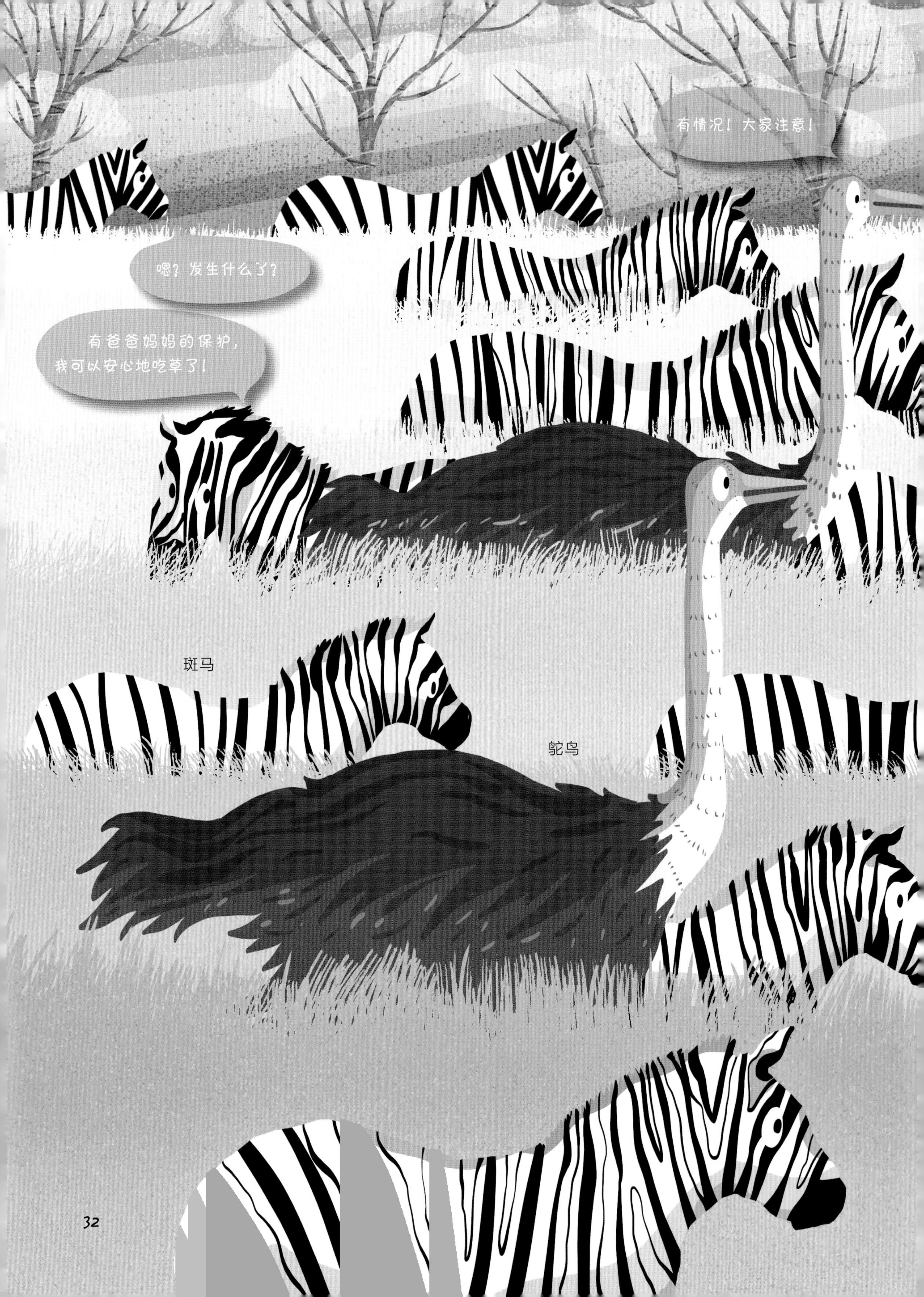
有情况！大家注意！
嗯？发生什么了？
有爸爸妈妈的保护，
我可以安心地吃草了！
斑马
鸵鸟

动物界的好搭档 之
斑马和鸵鸟

豺

围得如此水泄不通，没机会下手啊！

我们斑马是非洲特有的草食动物。除了草之外，我们也喜欢吃灌木树枝、树叶和树皮。

因为身上长着一道道起保护作用的斑纹，所以大家叫我们斑马。你知道吗？我们的皮毛非常与众不同。我们周身的条纹和人类的指纹一样，没有任何两匹斑马的条纹是完全相同的。

搭档故事

当斑马群被土狼、野狗或者其他天敌攻击时，成年的斑马会围成一个圈儿，把小斑马保护起来，斑马群的首领还会保护自己的妻儿。

但是，这样是远远不够的，因为斑马的视力不是太好，捕猎者经常会利用这个弱点，慢慢地靠近斑马，突然发动袭击，等斑马发现时，大多已经为时过晚！

所以，斑马经常会与它们的搭档——巨大的鸵鸟——一起合作，一起行动。

非洲鸵鸟成年后身高可达 2.5 米，不但跑得快，而且站得高、看得远，但它们的嗅觉和听力却不怎么样，这样就和斑马形成了天然的互补。

两种动物经常一起行动，一起放哨警戒，谁先发现敌人就发出警报，然后再根据情况逃走，从而提高各自的生存概率。

动物界的好搭档 之
蜥蜴和黑蝎子

南非的沙漠里干旱缺水，奇热无比。动物们各自想招，来躲避毒辣日头的炙烤。

我们蜥蜴有个好办法——挖洞。我们可不是盲目地蛮干，把洞挖得又深又长，我们只把洞挖得比自己的身体稍长一些，阳光照不到就可以了。

不过，这样做也产生了一个问题，那就是进到洞里就相当于进入了死胡同，一旦有人来捉，只要把手稍微往洞里一伸，就能轻而易举地抓住我们，一个都别想跑出去。

黑蝎子也是沙漠里的常住民，但它们可没有我们这种打洞的本事。不过，它们也有自己的办法来躲避太阳的暴晒。

它们爬进我们的洞里，栖息在我们洞口的周围。你一定很纳闷：黑蝎子看上去好像侵犯了我们的领地，可我们既没有驱逐它们，也不会吃掉它们。这是怎么回事儿呢？

搭档故事

为什么蜥蜴和黑蝎子能和平相处呢？

因为，黑蝎子来到之后，是要交"房租"的：黑蝎子要负责蜥蜴的安保工作！

从此，蜥蜴的洞口就像多了一个荷枪实弹的哨兵，很少有人敢来捉蜥蜴了，也没有其他动物敢来袭扰了。

这剧毒的黑蝎子对趴在身边的美味也是既不冒犯，也不觊觎，自己的毒针从来不去蜇身边的蜥蜴。

它知道如果蜇死了蜥蜴，谁来给自己挖洞呢？

所以，这样的共生关系让双方的生存概率都大大提高了。

与其互相伤害，不如一起合作。一起在洞里乘凉，绝对是最聪明的选择！

黑蝎子的毒针很厉害，只要谁敢把手伸进来，就得挨一针！

蜥蜴大哥你放心吧，有我在，没谁敢进来！

黑蝎子

蜥蜴

动物界的好搭档 之
鼠兔和雪雀

雪雀

鼠兔

我们鼠兔的外形酷似兔子，身材和神态又很像鼠类，这种既像老鼠又像兔子的萌态曾让生物学家对我们的命名和分类感到十分头痛。我们的身材娇小，一般体长只有十几厘米，是一种行动敏捷的小动物。

我们是挖掘洞穴的高级工程师，设计出来的洞穴构造非常繁复。

我好像迷路了……

鹰

不好，鹰来了！
快藏起来！

哎呀，赶快通知大家！

暂时别出门
了，老鹰来了！

搭档故事

在海拔 4000 米的青藏高原，天气变化无常，一天之内可经历四季。

年平均气温只有 1.5℃，最热的月份，气温也只有 10.5℃，到了夜里还会有霜出现。

这里植物种类很少，除了牧草之外，什么树木也没有。这里的鸟儿因无树筑巢，大多栖息在洞穴之内。

雪雀就是其中的一员，这些聪明的小鸟会利用鼠兔的洞穴来躲避过强的太阳辐射，以及暴风或冰雹等恶劣天气。为替代房费，小鸟们会为鼠兔提供一项额外服务：若发现附近有鹰、雕等盘旋在空的猛禽时，它们立刻高声鸣叫，向鼠兔发出警报。

鼠兔和小鸟就此形成了一种跨越种族的互助关系。这一现象，在我国古代的典籍中也有记载，称作"鸟鼠同穴"。

动物界的好搭档之
野狼和狒狒

狒狒

这些家伙好像离不开我们呢。为了待在我们旁边，它们甚至不会对狒狒宝宝发动攻击，因为这能让它们看起来很没有威胁性。

没事儿，孩子，它不敢！

妈妈，那只狼总是看我，会不会要吃掉我？！

我们是生活在非洲东部草原的埃塞俄比亚狼，我们喜欢徘徊在狒狒群附近。虽然狒狒也可以成为我们的美食，但是说来也奇怪，我们发现跟着它们能让我们抓到更多的猎物。所以，为了让狒狒们放下对我们的戒心，我们不会对狒狒群的成员发动任何攻击，毕竟，我们的吃喝还得靠它们呢！

> 虽然那只小猴子看起来味道不错，但我是不会破坏规矩的！

> 只要跟它们在一起，就能抓到更多的猎物！

野狼

搭档故事

在存在狒狒群的情况下，狼成功捕获啮齿类动物的概率是 67%，而狒狒群不在时，成功率仅为25%！灵长类动物能将小动物们从它们的洞穴中赶出来，或者是将它们驱散，让野狼在不暴露自己的情况下抓获这些动物。它们共同协作，一方是为了增加觅食成功率，另一方是为了避免捕食者攻击。这种肉食动物与一种可以成为食物的动物合作在动物界是非常少见的！

野山羊

　　我们火鸡生活在北美洲的克利夫兰山上，这里的冬天非常冷，我们很难在厚厚的积雪下找到食物。而野山羊就不同了，它们可以用蹄子拨开积雪，找出埋在雪下面的食物。所以，我们就经常跟着它们一起活动，只要它们找到吃的，我们就凑过去一起吃点儿。野山羊兄弟们还是非常大方的，它们并不会排斥我们。

搭档故事

　　野山羊虽然能在雪地里找到食物，但是警觉性却不怎么高，经常会被天敌袭击。

　　火鸡虽然会吃掉野山羊找到的一部分食物，却会在有危险的时候第一时间发出警报，让野山羊提前做好防备，这样野山羊的安全系数就会大大提高。只用一点点食物就换来了火鸡这样优秀的警卫员，还是很划算的！而火鸡也靠野山羊能够拨开积雪寻找食物的本领，度过了没有食物且寒冷的冬天。

　　对这两种动物来说，显然这样的合作对各自都十分有利，最终造就了这对搭档的默契！

带上爱探索的你，去发现动物世界的奥秘

微信扫码
添加智能阅读小书童
还有好看的童话书等
你解锁哦~

- 趣味问答　本书小常识，你能答多少？快来试试吧
- 动物科普　动物有哪些小秘密？等你来发现

- 读书笔记　记录新奇感受，探险之旅有回顾
- 读者社群　拍下动物萌照，群内分享乐趣多

- 【动物绘画赛】为小动物画画
- 【成语知多少】走进成语里的动物王国

图书在版编目（CIP）数据

假如动物会说话. 谢谢，我的好伙伴！ / 蒙哥著；麦川文化绘. —沈阳 : 辽宁科学技术出版社, 2022.1
ISBN 978-7-5591-1809-7

Ⅰ. ①假… Ⅱ. ①蒙… ②麦… Ⅲ. ①动物—少儿读物 Ⅳ. ①Q95-49

中国版本图书馆CIP数据核字（2020）第200319号

出版发行 : 辽宁科学技术出版社
　　　　　　（地址 : 沈阳市和平区十一纬路 25 号　邮编 : 110003）
印　刷　者 : 辽宁新华印务有限公司
经　销　者 : 各地新华书店
幅面尺寸 : 230mm×300mm
印　　张 : 5.25
字　　数 : 80 千字
出版时间 : 2022 年 1 月第 1 版
印刷时间 : 2022 年 1 月第 1 次印刷
责任编辑 : 姜　璐
封面设计 : 吕　丹
版式设计 : 吕　丹
责任校对 : 徐　跃
书　　号 : ISBN 978-7-5591-1809-7
定　　价 : 35.00 元

投稿热线 : 024-23284062
邮购热线 : 024-23284502
E-mail:1187962917@qq.com
http://www.lnkj.com.cn